TUTELATI
CON IL SISTEMA CAPPA SICURA®

ZERO RISCHI
ZERO IMPREVISTI

E NON SCENDERE A COMPROMESSI
PUR DI AVERE IL PREZZO PIÙ **BASSO**!!!

Spesso per spendere meno si rischia di **spendere il triplo!**

Attenzione, affidandoti ad aziende non focalizzate e con personale inesperto, esponi te stesso e i tuoi collaboratori ad eventuali incidenti o infortuni rischiando sanzioni amministrative e penali!

Allora perché non dormire sonni tranquilli affidando la tua serenità e la sicurezza dei tuoi colleghi alla competenza della TechnoCappe, azienda specializzata in validazioni e manutenzione dei DPC?

Vai su:
www.cappasicura.it

Oppure contattaci:

Numero Gratuito Assistenza
800 628 957

Le 5 Considerazioni da fare prima e dopo l'acquisto di una Cappa Chimica

Check list

	Pag.
☐ **ESIGENZE DEL PERSONALE:**	5

Verifica preventiva delle esigenze lavorative del personale di laboratorio al fine di tutelare la loro salute nel manipolare le sostanze chimiche.
note..
....
....

☐ **DISPOSIZIONE CAPPA IN LABORATORIO:** 8

Verifica preventiva del laboratorio nel quale s'intende installare la cappa chimica.
note..
....
....

☐ **IDONEITA' DELLA CAPPA RICHIESTA:** 14

Verifica della scelta della cappa chimica più idonea alla lavorazione che si intende fare.
note..
....
....

☐ **CERTEZZA CHE NON VI SIANO DANNI:** 28

Verifica della cappa da parte di un'assistenza tecnica anche dopo l'installazione, per essere sicuri che stia funzionando correttamente.
note..
....
....

☐ **VERIFICA DEL FATTO CHE SIA TUTTO IN REGOLA:** 31

Verifica dell'esistenza di una garanzia sulla manutenzione e funzionalità della cappa chimica.
note..
....
....

Leggi altri articoli su: *www.chizard.it*   Autore: *Fabrizio Cirillo*

Articoli sul portale informativo delle cappe

Il portale informativo sulle Cappe Chimiche e Biohazard

Di seguito ti riportiamo un elenco degli articoli pubblicati sul portale che puoi visitare velocemente sul tuo smartphone:

 Vuoi sostituirti i Carboni attivi della tua cappa chimica?
Scopri come, quando e perché non farlo da solo.
www.chizard.it/10

Smaltimento filtri delle cappe da laboratorio?
Ecco le 5 cose fondamentali da sapere
www.chizard.it/11

 Hai una cappa DUCTED O DUCTLESS?
Scopri la velocità di aspirazione che devono avere
www.chizard.it/2

 Neon UV germicida cappa biologica... Soluzione o problema?
www.chizard.it/6

 Disinfettante **UMONIUM 38** per rendere sicura la tua **CASA VACANZE** e la tua **CAPPA BIOHAZARD**
www.chizard.it/12

 Dispositivo di Protezione Collettiva - (DPC) o Individuale (DPI)?
www.chizard.it/7

 Routine lavorative ERRATE rischiano l'aumento della contaminazione crociata
www.chizard.it/4

 Filtri HEPA intasati su una cappa biologica?
Scopri le verità che ti hanno nascosto per decenni
www.chizard.it/8

Sul nostro portale www.chizard.it, *nella sezione*
"Info Top Secret"
inserendo la mail potrai scaricare tanto materiale utile.
Di seguito trovi alcuni esempi del materiale presente in tale sezione:

 Sono i DPC?

 12 Cose Da Fare e 26 Da Evitare

 uale d'uso e manutenzione per

 12 Cose Da Fare e 26 Da Evitare

 gine rischi e problematiche

 Cappe di Sicurezza Biologica +

www.chizard.it

> **Ti trovi nella condizione di dover fare l'acquisto di una cappa chimica e non sai assolutamente da dove cominciare?**

> Inizia da qui, scoprendo gli errori più comuni che tutti commettono quando devono procedere all'acquisto di una cappa chimica.

> Ma soprattutto continua a leggere perché scoprirai amare verità su quanto ti viene nascosto dai rivenditori.

Continua a leggere e scoprirai le 5 verifiche da fare assolutamente, prima di sprecare un mare di soldi e mettere a rischio la sicurezza degli operatori.

In questo articolo ti parlerò di come, sottovalutando alcuni aspetti, possono sorgere problemi seri sia dal punto di vista delle cappe chimiche che in merito alla sicurezza degli operatori, con dispendio di energie e soldi che invece potresti risparmiare.

Non voglio fare del sarcasmo su tragedie che sono avvenute ma semplicemente farti ragionare sul fatto che spesso la scarsa considerazione di alcuni dettagli può provocare delle vere e proprie catastrofi, mettendo a rischio la sicurezza delle persone.

In genere l'acquisto di una cappa chimica nasce da un'esigenza lavorativa e normativa e ha la finalità di proteggere gli operatori e l'ambiente. Spesso, però, si danno per scontati molti aspetti che andrebbero considerati e che potrebbero causare problemi futuri.

Ecco a te le 5 considerazioni da fare prima e dopo l'acquisto di una cappa chimica da laboratorio:

1. ESIGENZE DEL PERSONALE
2. DISPOSIZIONE CAPPA IN LABORATORIO
3. IDONEITA' DELLA CAPPA RICHIESTA
4. CERTEZZA CHE NON VI SIANO DANNI
5. VERIFICA DEL FATTO CHE SIA TUTTO IN REGOLA

1) ESIGENZE DEL PERSONALE

Verifica preventiva delle esigenze lavorative del personale di laboratorio al fine di tutelare la loro salute durante la manipolazione di sostanze chimiche.

Si proprio così... il primissimo errore che viene fatto nella fase di acquisto di una cappa chimica è quello di non partire da un'attenta valutazione dei rischi derivanti dalle lavorazioni che devono essere eseguite, piuttosto dal fatto che qualcuno ha sentito dire in giro che serve una cappa chimica.

Questo accade molto spesso...

Si parla di cappa chimica ma in realtà molti non sanno neanche perché la stanno usando o se è la cappa giusta per la tipologia di lavoro che effettuano.

Ti sei mai posto domande del genere?

Spero di si, ad ogni modo l'errore di valutazione iniziale che ho menzionato prima, si riferisce al fatto che prima ancora di richiedere preventivi o fare dei bandi di gara, chi di dovere dovrebbe eseguire un'indagine interna, al fine di avere più chiara la situazione lavorativa che si deve andare a gestire.

Come fare?

Semplice, basterebbe parlare con gli operatori che sono sempre in prima linea e ai quali interessa più di tutti che le cose vengano fatte bene.

Da loro scopriresti già moltissime informazioni utili per le richieste di preventivo.

ALT mi fermo subito o meglio ti fermo subito nella lettura…

Se il tuo obiettivo è quello di risparmiare il più possibile, sprecando i soldi della tua azienda o peggio i soldi pubblici, lavorando male sulla pelle degli altri, allora questo testo non lo prendere proprio in considerazione, perché non potrà aiutarti.

Se devi fare una gara al ribasso o non t'interessa dare un dispositivo di protezione collettiva ai tecnici di laboratorio,

Allora, non siamo per niente in sintonia.

Bada bene che io non vendo cappe, quindi il mio consiglio è totalmente disinteressato!

Se invece vuoi dare il giusto prezzo alle cose e spendere i soldi nel modo corretto, stai leggendo il testo giusto e questa analisi preliminare potrebbe farti riflettere su tematiche alle quali non hai mai pensato.

Cosa puoi fare?
- ☐ Puoi parlare con gli operatori e farti un'idea delle lavorazioni che dovranno eseguire o che eseguono già in laboratorio.
- ☐ Puoi chiedere quali sostanze chimiche verranno usate e in che concentrazioni (giornaliere, settimanali e mensili).
- ☐ Puoi chiedere quanti operatori dovranno lavoreranno contemporaneamente sotto cappa
- ☐ Puoi chiedere dove pensano di far installare la cappa.
- ☐ Puoi analizzare il luogo prescelto al fine di capire se è quello più idoneo (lo vedremo più avanti)
- ☐ Puoi chiedere agli operatori se già avevano in mente qualche cappa chimica e farti spiegare perché.

Insomma con una giornata ben spesa o meglio qualche ora, sarai già un passetto avanti e avrai le idee più chiare.

Ovviamente se devi procedere all'Acquisto di una cappa chimica per te allora risponderai velocemente a queste domande e potrai fare un'autoanalisi approfondita, così avrai tutti i dati che ti occorrono.

Ti ricordo che il fine ultimo è quello di tutelare l'operatore e la collettività (da cui ne deriva il nome: DPC).

Ma adesso passiamo alla verifica successiva.

"Dispositivi di Protezione Collettiva"

DPC sono le cappe da laboratorio che proteggono l'operatore e l'ambiente.

2) DISPOSIZIONE CAPPA IN LABORATORIO

Verifica preventiva del laboratorio dove s'intende installare la cappa chimica.

Questo aspetto, stranamente sottovalutato da molti, è assolutamente fondamentale!

Posso tranquillamente affermare che, dopo l'acquisto di una cappa chimica, a pochi interessa dove il dispositivo venga effettivamente collocato. In tutti questi anni di carriera come assistenza specialistica "ho visto cose che voi umani non potreste neanche immaginare" (cit. Blade Runner).

Purtroppo c'è da dire una cosa, i rivenditori nonché i costruttori stessi vi hanno abituato a vedere le cappe chimiche come semplici arredi da laboratorio anziché come dispositivi di protezione collettiva quali sono.

Ti hanno sempre fatto credere che un bancone e una cappa fossero praticamente la stessa cosa.

Ma lasciati dire che questo è l'errore più grande che si possa fare.

Se ti stai chiedendo il perché, beh non posso rispondere io a questa domanda, ovviamente mi sono fatto le mie idee in merito e nel tempo tutte stanno trovando conferma.

Parlo della **TOTALE IGNORANZA** di molti rivenditori e di molte agenzie di vendita varie e perché no, anche di assistenze tecniche che non conoscendo il funzionamento delle cappe chimiche, hanno da sempre sminuito l'importanza e manipolato i clienti.

Il cliente poco informato e preparato è molto meno esigente e questi signori preferiscono che sia così, per non avere rogne.

Premetto che sia la Technocappe che Fabrizio Cirillo

non hanno alcun mandato di vendita per nessun tipo di cappa esistente, proprio perché nel tempo ho voluto mantenere una sorta di indipendenza di giudizio.

Non sposo molto il concetto del "**me la canto e me la suono**".

Questo per dirti che purtroppo ognuno tirerà sempre l'acqua al suo mulino e se tu pensi di affidarti a qualcuno (a caso) e ricevere comunque la migliore soluzione possibile, beh forse sei fuori strada.

O meglio, non che questo non possa capitare, certo è che dovrai accertarti che l'interessamento sia totale e che l'agenzia alla quale ti affidi esegua per tuo conto un'attenta analisi delle tue reali esigenze, come al punto 1, ricordi?

Se non c'è questo allora aspettati di essere trattato come tutti gli altri e di ricevere un arredo da laboratorio (perché anche nella mente del rivenditore ci sarà l'idea del "una cappa vale l'altra").

Di seguito ti riporto alcune cose che sono state fatte dalla TechnoCappe in questi 35 anni per specializzarci sui DPC:

- 1° **Portale sulle cappe chimiche e biohazard** www.chizard.it.
- 200+ **Articoli su www.chizard.it** inerenti alle cappe chimiche e biohazard.
- 16.500+ **DPC Validati** Negli anni
- 435+ **Clienti** Piccoli e Grandi strutture
- 15 **Corsi di Formazione** LIVE a Roma Specifici sulle cappe
- 950 **Operatori Formati** al corretto utilizzo delle cappe.
- 450 **RSPP, Tecnici e Resp. Lab. Formati** Nei corsi LIVE a Roma
- 100 **Risposte al Sondaggio sulle Paure**
  Abbiamo avviato un sondaggio sulle paure dei tecnici di laboratorio riportato nel libro delle cappe, dove ci hanno risposto ben 100 operatori i quali hanno condiviso le loro preoccupazioni del lavoro di tutti i giorni.

- 1 **Guida sui dubbi dei Tecnici di Laboratorio** con risposta alle domande.
- 2 **Guida sul Corretto Utilizzo delle cappe chimiche e biohazard**
- 1 **Guida di 30 Pagine sulla ricerca di un'assistenza cappe valida**
- 10 **Articoli su riviste di settore** con intervento in radio
- 10.000+ **Follower sui Social** Tra Facebook e Linkedin
- 1 **Gioco Sulle Cappe Chimiche e Biohazard**
  Abbiamo creato e realizzato il primo gioco di Quiz Memory sulle cappe chimiche e biohazard, per imparare divertendosi e per far entrare anche i propri cari nel vostro mondo lavorativo.

Io ti consiglio di fare queste valutazioni e dare indicazioni precise al riguardo, così facendo avrai un minimo di scarico di responsabilità e dormirai più sereno.

Prima ti parlavo di coinvolgere il personale di laboratorio, questo è fondamentale, perché in questo modo otterrai il beneficio di non avere grosse obiezioni o problematiche future create dagli utilizzatori della cappa chimica che verrà acquistata.

Al termine dell'acquisto di una cappa chimica, dicevamo di fare un'analisi dell'ambiente nel quale dev'essere collocato il DPC, ma in che modo?

Te lo indico subito riassumendo per punti i concetti fondamentali senza entrare troppo nel dettaglio. (*Se poi dovessi avere altre domande, sarò lieto di risponderti direttamente su chizard.it*)

- ☐ Presenza di una parete della larghezza idonea, facendo attenzione a non incastrare la cappa a ridosso di muri.
- ☐ Presenza di eventuali fonti di disturbo come condizionatori, finestre, porte, corridoi, prese d'aria da soffitto ecc.
- ☐ Presenza di un punto di passaggio o apertura armadi che possano creare correnti d'aria anche minime.
- ☐ Possibilità di collegare la cappa all'esterno, mediante dei canali della larghezza idonea (meglio se sul tetto).
- ☐ Possibilità di montare box filtri a carboni attivi (nel caso risulti necessario un abbattimento prima dell'espulsione).
- ☐ Calcolo delle eventuali portate di aspirazione aria, per sapere se è necessaria un'immissione d'aria esterna.
- ☐ Verifica di eventuali dislivelli della pavimentazione.
- ☐ Verifica delle altezze necessarie cosicché la cappa possa essere istallata in modo idoneo, lasciando il giusto spazio sopra.
- ☐ Verifica degli spazi necessari in caso di manutenzione da parte di un'assistenza tecnica di cappe chimiche.
- ☐ Previsione dell'eventuale acquisto di un'ulteriore cappa chimica (se possibile e necessaria).

Giusto per citartene qualcuno.

Se hai già acquistato cappe chimiche:
Hai mai fatto certe considerazioni?
Le ha fatte chi ti ha venduto la cappa?

Leggi altri articoli su: **www.chizard.it**   Autore: *Fabrizio Cirillo*

SPAZI CONSIGLIATI IN RIFERIMENTO ALLE NORMATIVE UNI EN 14175-5 E UNI/TS 11710

La distanza tra la protezione frontale della cappa e qualunque parte del laboratorio frequentemente usata dal personale per l'attraversamento o il transito nel laboratorio stesso deve essere di almeno un metro (fig.1)

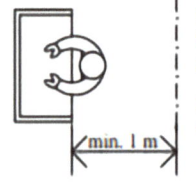

Fig.1
Distanza dalla protezione frontale

Distance to the sash

La distanza tra la protezione frontale della cappa e il piano del banco usato dal medesimo operatore deve essere almeno 1,4m (fig.2)

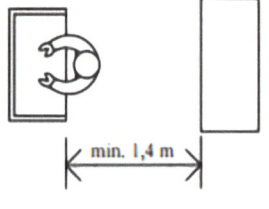

Fig.2
Distanza dalla protezione frontale al piano del banco

Distance sash to benchtop

Nel lato opposto rispetto alla protezione frontale della cappa non devono essere presenti muri (o altri ostacoli in grado di interferire con il flusso d'aria) entro una distanza di 1,4m (fig.3). In presenza di certi tipi o quantità di cappe potrebbe essere necessario aumentare questa dimensione fino a 2m.

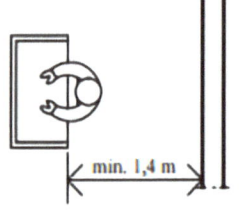

Fig.3
Distanza dalla protezione frontale al muro

Distance sash to wall

L'interazione tra file opposte di cappe che si fronteggiano con le protezioni frontali deve essere presa in attenta considerazione (fig.4)

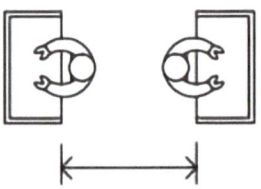

Fig.4
Distanza da protezione frontale a protezione frontale

Distance sash to sash

l'interferenza dell'immissione di aria della stanza modifica il rendimento della cappa e deve quindi essere attentamente considerata. Il flusso d'aria nella stanza non deve eccedere 0,2 m/s nella zona a 400mm dalla protezione frontale della cappa. È raccomandato un soffitto ad altezza di 3m, o comunque un'altezza minima non inferiore a 2,75m.

Leggi altri articoli su: *www.chizard.it*   Autore: *Fabrizio Cirillo*

Elementi costruttivi isolati, come per esempio colonne o pilastri, a lato della cappa e che si proiettano al di fuori della protezione frontale, possono influenzare il rendimento della cappa stessa (fig.5)

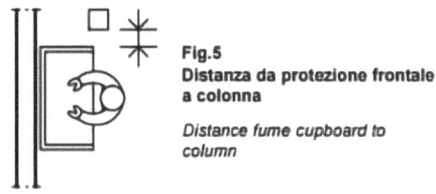

Fig.5
Distanza da protezione frontale a colonna

Distance fume cupboard to column

Nessun vano porta, usato frequentemente dal personale, deve essere entro il raggio di un metro dalla protezione frontale della cappa (fig.6) o entro 0,3m da un lato della cappa stessa (fig.7)

La raccomandazione non viene applicata quando si tratta di porte usate esclusivamente come uscita d'emergenza.

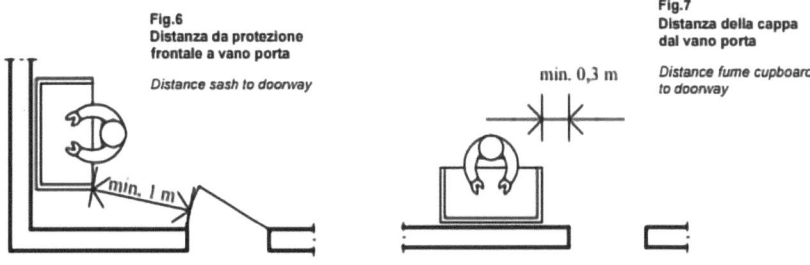

Fig.6
Distanza da protezione frontale a vano porta
Distance sash to doorway

Fig.7
Distanza della cappa dal vano porta
Distance fume cupboard to doorway

Per come vedo le disposizioni delle cappe chimiche in generale è già tanto se sono state montate in verticale anziché in orizzontale, perché non c'è stato criterio o considerazione da parte di chi avrebbe dovuto portare la corretta informazione.

Ovviamente spesso ci si scontra con realtà, come nel caso delle gare pubbliche, dove chi predispone il bando non ne capisce proprio niente e fa degli strafalcioni allucinanti, basterebbe seguire un pò di logica o in questo caso seguire qualche consiglio utile.

Capisco che non ci sono queste informazioni in rete ne tanto meno vengono date da chi di dovere, però troppo spesso lasciamo al caso molti dettagli che poi risultano essere importanti.

3) IDONEITA' DELLA CAPPA RICHIESTA

Verifica nella scelta della cappa chimica più idonea alla lavorazione che si intende fare (il più delle volte scegliendo il prezzo più basso).

A questo punto dovresti avere sia il dettaglio di cosa occorre a te e ai tuoi colleghi, sia un'idea sulla giusta collocazione della cappa chimica che intendi acquistare.

Spesso l'errore è anche nella scelta della cappa. Il più delle volte, nella fase iniziale d'acquisto di una cappa chimica si fanno richieste di preventivo e poi, non capendo gran che delle informazioni che vengono fornite dai venditori, si sceglie puntualmente in base al prezzo più basso o a quello che si pensa sia il più corretto.

Ma senza avere dei veri riferimenti è praticamente impossibile e questa situazione vi porterà ad effettuare un acquisto "alla cieca"!
Infatti, come dicevo al punto precedente, devi toglierti dalla testa di acquistare un arredo ed essere consapevole che stai procedendo all'acquisto di una cappa chimica da laboratorio, un DPC.

Adesso però devo fare qualche precisazione in quanto il mondo delle cappe in generale è ampio e anche se per qualcuno magari è scontato, vorrei sottolinearlo.
Principalmente si divide in:

CAPPE CHIMICHE   **CAPPE BIOLOGICHE**

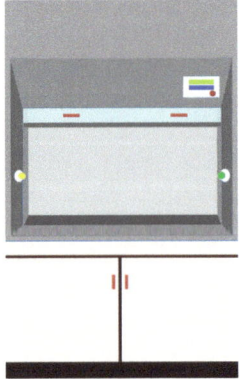   

Questo a grandi linee, poi scendendo nel dettaglio delle cappe ad uso biologico ci sono tante altre tipologie, che non cito per non confonderti visto che dobbiamo parlare di cappe chimiche.

Invece le Cappe Chimiche si dividono in 2 famiglie principali:

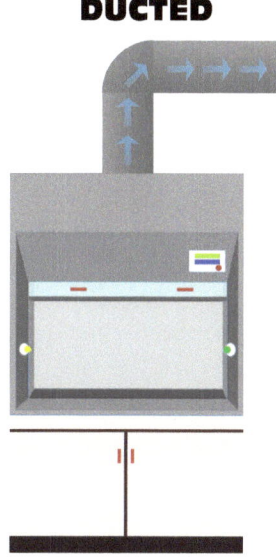

Struttura di una cappa DUCTED

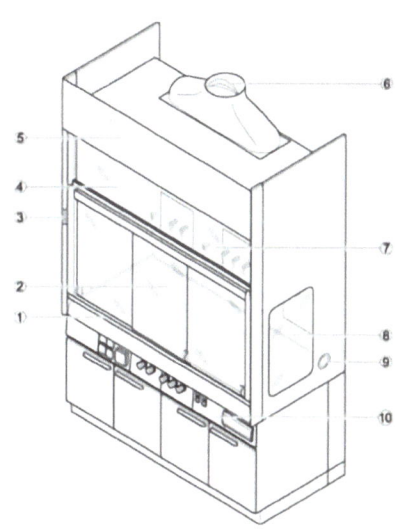

1. Saliscendi frontale con maniglione aerodinamico e saliscendi orizzontali
2. Piano di lavoro
3. Pulsantiera FAZ o AC
4. Vetrata nella parte alta
5. Pannello frontale mobile
6. Polmone di aspirazione
7. Parete di canalizzazione d'aria con pannelli portaservizi
8. Spalla laterale parzialmente vetrata
9. Sportello per passaggio cavi
10. Mobiletto autoportante con traverso e pannelli servizi

Queste cappe sono molto diffuse perché sono state tra le prime cappe a uscire sul mercato e ad essere vendute come complemento di arredo insieme alla realizzazione dei laboratori, infatti ne troviamo moltissime negli Ospedali e nelle Università ma anche in molti altri posti ovviamente.

La caratteristica di tutte le cappe chimiche è quella di aspirare semplicemente aria dal fronte, per evitare che l'operatore possa in qualche modo inalare eventuali vapori più o meno nocivi che possono svilupparsi a causa delle sostanze chimiche utilizzate durante la fase di lavorazione.

Come dicevamo, le cappe DUCTED "canalizzate" le riconosci immediatamente, perché presentano un canale posizionato nella parte superiore del dispositivo collegato ad un foro di uscita predisposto dal costruttore che serve appunto a convogliare verso l'esterno l'aria aspirata sul fronte.

Questa aria viene il più delle volte aspirata da un'elettroaspiratore posto a valle del condotto immediatamente vicino all'espulsione finale dell'aria.

Solitamente il posto più idoneo è nella copertura sul tetto, ad ogni modo i motori di aspirazione dovrebbero essere accessibili alla manutenzione tecnica comodamente e in sicurezza.

Se vogliamo essere proprio precisi, il motore aspirante corretto per l'impiego di sostanze chimiche (potenzialmente infiammabili) è quello antideflagrante (in genere viene chiamato antiscintilla o antiscoppio).

Questo motore è in classificazione ATEX, significa che la componentistica che lo costituisce è stata studiata per far si che non sia possibile provocare eventuali incendi o deflagrazioni poiché nelle cappe chimiche, nonché nei condotti di espulsione potrebbero ristagnare vapori potenzialmente infiammabili che al contatto con una scintilla potrebbero esplodere letteralmente coinvolgendo anche l'operatore stesso.

Pensi che siano solo cavolate e che le cappe chimiche non possano esplodere, prendere fuoco o provocare danni?

Forse guardando queste foto cambierai idea e capirai che devi fare più attenzione.

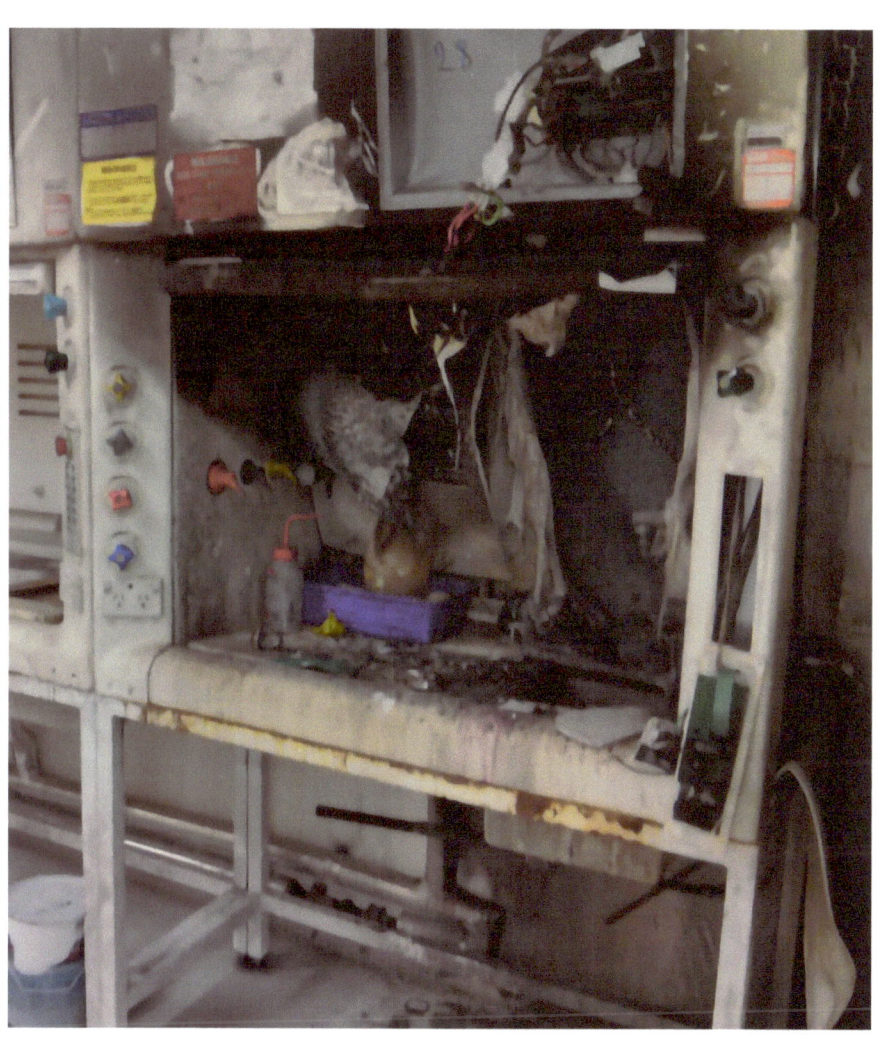

Leggi altri articoli su: *www.chizard.it* Autore: *Fabrizio Cirillo*

Ecco perché si consiglia sempre di "pulire" la cappa chimica al termine del suo utilizzo lasciandola accesa per 10/15 minuti senza alcun tipo di materiale all'interno, così da espellere tutti gli eventuali vapori.

Invece quando sentite parlare di cappe chimiche DUCTLESS si intende cappe a "ricircolo dell'aria" aspirata sul fronte.

Ad esempio il primo ostacolo che potresti incontrare quando deciderai di acquistare una cappa chimica è scegliere tra una cappa a estrazione totale o una a ricircolo d'aria nello stesso ambiente. Per ricircolo dell'aria s'intende che fisicamente l'aria aspirata sul fronte della cappa prima di fuoriuscire nuovamente, attraversa uno o più filtri che in genere sono del tipo a carboni attivi.

Occhio perché esistono molte tipologie di carboni attivi e visto che in genere i clienti non ne hanno proprio idea, vengono buggerati dai più furbetti che per risparmiare gli installano carboni attivi generici che servono a trattenere solo solventi.

Ti dico "occhio" perché se ad esempio dalla tua analisi preventiva è emerso che l'operatore dovrà utilizzare quotidianamente "acidi", quei carboni generici non saranno idonei e c'è il rischio che dopo pochissimo tempo questi acidi inizino a disperdersi nell'ambiente e qualcuno si ritroverà a svolgere la funzione di "filtro umano".

Mi auguro che non sia proprio tu a dover svolgere questo ingrato compito. Idem per la Formaldeide che è stata classificata cancerogena da gennaio 2016.

Queste cappe chimiche a ricircolo Ductless sono cappe che possono andare benissimo previa attenta analisi, a monte dell'acquisto, e monitoraggio in corso d'opera, delle loro prestazioni al fine di sostituire i filtri installati con una certa periodicità oppure quando cambia la tipologia di lavorazione.

I filtri vanno sostituiti anche in caso di versamento accidentale perché potrebbero saturarsi più velocemente.

Il tutto per dirti che nel dubbio il consiglio è sempre quello di canalizzarle all'esterno, ove possibile.

Le cappe a ricircolo nascono per ovviare a problemi che ci possono essere per mancata possibilità di portare le condotte in esterno, per vincoli paesaggistici o strutturali.

Risolvono anche il problema quando bisogna manipolare piccole quantità di sostanze facilmente gestibili con i filtri.

Se hai già delle cappe, adesso ti starai chiedendo come fai a sapere se una cappa chimica è <u>DUCTED</u> o <u>DUCTLESS</u> visto che anche queste ultime, se possibile, è meglio canalizzarle all'esterno.
Perché i filtri sono chiusi all'interno della cappa stessa e in generale non sono facilmente accessibili.

Diciamo che un trucchetto veloce e indolore potrebbe essere quello di verificare l'esterno della tua cappa chimica, se non trovi viti o altro che ti permetta l'accesso al vano cappa, allora molto probabilmente si tratta di una cappa non apribile perché DUCTED.

Oppure puoi avvicinare l'orecchio al cassone quando l'accendi e se fai attenzione dovresti sentire se c'è un motore all'interno, che al momento dello spegnimento continua a girare ancora un po'. Ovviamente questi sono dei metodi molto grossolani ma che possono farti capire qualcosina in più sulla tua cappa, quelli più corretti sarebbero:

- ☐ Guardare il manuale tecnico nonché di uso e manutenzione che ti ha dovuto fornire il costruttore nella fase di acquisto della cappa chimica.
- ☐ Affidarti all'esperienza di un'assistenza tecnica valida e seria.

Ma siccome sia il manuale che le assistenze serie faticherai a trovarle, allora ho preferito darti sin da subito due dritte a "gratise" come si dice a Roma.

Ora non vorrei tediarti oltre, perché forse tutte queste cose già le sai, se vuoi approfondire puoi leggere altri articoli che ho scritto in cui parlo espressamente di questo argomento e che potrai trovare all'interno di questo portale www.chizard.it

Se invece non sai proprio dove sbattere la testa ed hai bisogno di una consulenza o un controllo delle tue cappe allora puoi contattare la technocappe.it che con il sistema cappa sicura (cappasicura.it) ti offrirà un servizio completo a 360 gradi.

> Arrivati a questo punto, ormai sei un esperto nel riconoscere le cappe e quindi visto che devi scegliere quale cappa richiedere al tuo fornitore o ai tuoi fornitori, ti informerai sul fatto di poterla canalizzare all'esterno e dopodiché deciderai.

Giusto per darti qualche indicazione veloce e qualche breve suggerimento:

- ☐ Se puoi canalizzarla, prevedilo sempre anche se scegli una cappa a ricircolo.
- ☐ Se dovranno essere utilizzati cancerogeni come la "formaldeide" dovrai canalizzarla obbligatoriamente.
- ☐ Se non puoi canalizzarla e devi per forza di cose installare una cappa chimica a ricircolo, allora assicurati che i carboni attivi utilizzati siano quelli corretti.
- ☐ Se vuoi acquistare una cappa a ricircolo per avere già i carboni va benissimo, ma tieni in conto la sostituzione degli stessi almeno ogni 12 mesi.
- ☐ Se scegli una cappa a estrazione totale fai attenzione che il motore che viene montato sia corretto e dimensionato per darti la velocità desiderata.
- ☐ Se scegli una cappa a ricircolo che poi canalizzi, tieni presente che il motore è standard e quindi non puoi fare 50 metri di canali.

E adesso voglio indicarti alcune note positive e negative di un tipo di cappa (DUCTED) e dell'altra (DUCTLESS).

ACQUISTO DI UNA CAPPA CHIMICA DUCTED (aria canalizzata all'esterno):

Pregi:

- L'operatore si trova sempre in sicurezza perché l'aria viene aspirata ed espulsa fuori
- Si può dimensionare il motore correttamente in base ai reali metri di condotte e curve presenti, per avere la velocità di aspirazione desiderata
- Se cambiano le lavorazioni nel tempo e si necessita di velocità maggiore, si può pensare di sostituire il motore con uno più performante

Difetti:

- Se non previsto un box filtri a carboni attivi, l'aria aspirata sul fronte viene sparata semplicemente fuori in ambiente con l'ipotesi che ti rientri dalla finestra.
- Se viene sbagliato il dimensionamento del motore non si può fare molto per aumentare la velocità ma bisognerà cambiare il motore.
- Viene in genere venduta come un arredo da laboratorio insieme ai banconi e i lavandini.
- Bisogna prevedere il costo extra per l'installazione del motore ed eventuali box filtri sul tetto o altra parte idonea, cosa che incide parecchio.

ACQUISTO DI UNA CAPPA CHIMICA DUCTLESS (ricircolo dell'aria):

Pregi:

- Filtri a carboni attivi specifici già a bordo macchina che filtrano l'aria prima di essere espulsa in ambiente per il benessere collettivo.
- Può essere installata anche senza canalizzazione e quindi non necessarie opere murarie o altri costi extra.
- Prezzo finito e cappa chiavi in mano pronta all'utilizzo sin da subito.
- Dimensioni in genere più contenute e cappa già montata direttamente in sede.

Difetti:

- La cappa se canalizzata non può avere 30 metri di canali perché il motore è standard di default.
- Se ci sono molti metri di condotte (es. 50 metri) va previsto un motore che aiuti l'aspirazione per aumentare la velocità di aspirazione frontale.
- Se si tende a risparmiare fino all'ultimo euro e non si cambiano i filtri, poi saturandosi, non compieranno più il loro compito.
- Non è possibile cambiare le velocità frontali rispetto a quelle imposte dal costruttore, perché le prestazioni del ventilatore sono di fabbrica.

Nel caso in cui tu intenda scegliere una cappa chimica DUCTED e quindi con l'estrazione all'esterno, devi fare moltissima attenzione alla parte relativa alla canalizzazione.

Questo è uno dei punti più sottovalutati!

Spesso viene affidato l'intervento a manutentori che si occupano di condizionamento e hanno solo il problema di portare l'aria da un punto A a un punto B.

Per le cappe chimiche questo non è vero ed è molto più complesso di così.

Infatti bisognerà fare opportuni calcoli al fine di avere una corretta installazione e canalizzazione di collegamento tra cappa ed esterno con il motore.

Molto velocemente cerco di riportarti alcuni dettagli che potrebbero servirti e che un'azienda seria dovrebbe analizzare, prima di proporti la vendita:

- Distanza in metri dal punto di espulsione della cappa al punto di uscita esterno
- Dimensione dei canali di espulsione, in genere sono da 250mm ma possono variare, il consiglio è che siano sempre dello stesso diametro dall'inizio alla fine.
- N° di curve a 90° o 45° che si dovranno utilizzare cercando di inserime il meno possibile.
- Possibilità di inserire curve raggiate al posto delle curve a 90° per avere minori perdite di carico.
- Impiego di canali ad anima liscia e resistenti all'azione dei vapori delle sostanze chimiche generati durante l'utilizzo. (Ad esempio in PVC).
- Necessità di inserire eventuali serrande manuali o motorizzate che sarebbero preferibili per la chiusura parziale dei canali con aumento della velocità.
- Installazione del motore sul tetto in un punto di facile accesso e presenza di un sezionatore di corrente a bordo macchina, per sicurezza dei tecnici.
- Espulsione del motore verso l'alto (tranquillo non piove dentro) e canale ad un'altezza minima di un paio di metri dal suolo, affinché chi cammina sul tetto non rischi di inalare vapori.
- Montare motori a pale rovesce o comunque performanti e resistenti ad agenti chimici.
- In caso di utilizzo di sostanze infiammabili, si dovrebbero usare motori in ATEX che hanno un costo di 4 o 5 volte superiore ai normali motori.
- Impiego di reti anti intrusione dei volatili che potrebbero nidificare.
- In ultimo ma non meno importante, fare tutti i calcoli necessari cosicché le velocità di aspirazione sul fronte cappa siano idonee a quanto necessario agli operatori per lavorare in sicurezza e garantire il contenimento dei vapori chimici.

Sul canale di una cappa chimica è meglio montare una serranda elettrica o manuale?

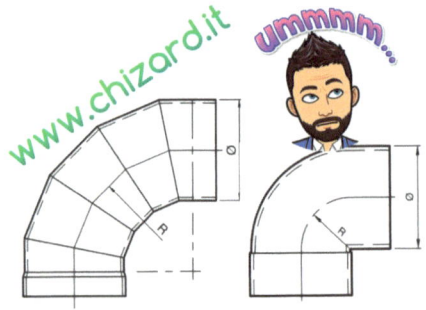

Per le cappe chimiche è meglio usare una Curva normale o raggiata?

Leggi altri articoli su: **www.chizard.it**   Autore: *Fabrizio Cirillo*

Se non presti attenzione e dai per scontato che un'assistenza tecnica o un manutentore lo faccia, allora sei spacciato!
Preparati a spendere migliaia di euro senza però ottenere il risultato sperato.

Bastano anche piccoli errori per fallire miseramente e non avere cappe che aspirano.

Durante la mia esperienza lavorativa ho collezionato una serie di fotografie degli orrori più diffusi in sede di installazione, eccoti alcuni esempi:
- Utilizzo di corrugati anziché tubi lisci
- Curve inserite ovunque al posto di canali lineari
- Impiego di carta argentata per chiudere dei fori
- Canali con dimensioni differenti che si allargano e si stringono
- Motori troppo piccoli o dimensionati male
- Espulsioni sul tetto dei canali che sparano direttamente sul pavimento
- Canali privi di reti anti-uccello per l'intrusione di volatili

e chi più ne ha più ne metta.

ESEMPIO CANALIZZAZIONI ERRATE

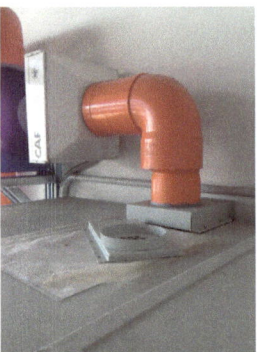

ESEMPIO CANALIZZAZIONI CORRETTE

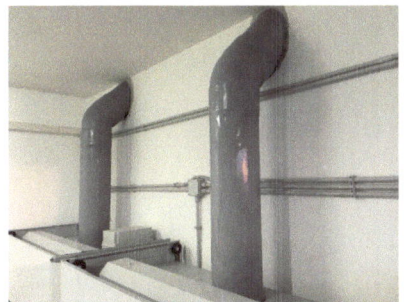
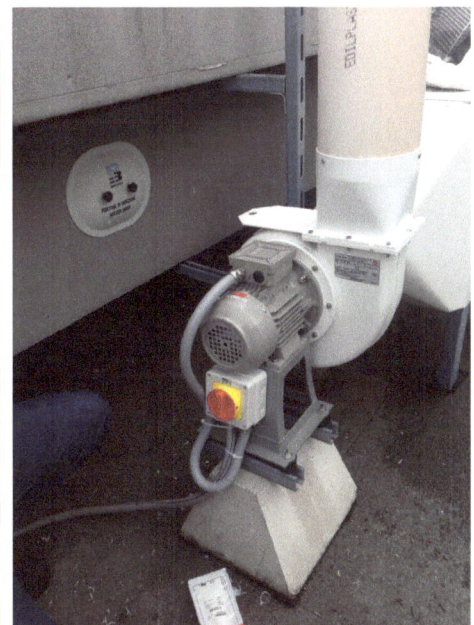

4) ACCERTARSI CHE NON VI SIANO DANNI
Verifica della cappa da un'assistenza tecnica anche dopo l'installazione, per essere sicuri che stia funzionando correttamente.

Questo errore comunissimo e generalizzato in fase di acquisto di una cappa chimica a mio avviso, è quanto di più assurdo venga fatto.

Ipotizziamo che ti sei sbattuto per arrivare a identificare correttamente la tipologia di una cappa chimica da acquistare e hai seguito tutti i punti di cui ti ho parlato senza fare errori.
Dopo tutto questo lavoro di analisi, verifiche, accertamenti vari tu che fai?

Non ti sinceri che la cappa montata nel posto che hai indicato venga realmente verificata sul posto e collaudata da personale qualificato ed esperto??????

Allora fammi capire...

Siccome la cappa chimica che hai acquistato, ha la certificazione ISO o altro, dai per scontato che nel tuo laboratorio stia funzionando correttamente e che faccia quello che tu hai richiesto?

Molto spesso non si presta troppa attenzione al collaudo finale di una cappa chimica e si da per scontato che lo faccia il costruttore e invece nella migliore delle ipotesi, il venditore semplicemente viene e ti attacca la spina.

Qualche venditore si è attrezzato con anemometro ma non sa minimamente quello che sta facendo, credimi!

Sai che la tua unica chance di poter verificare che il prodotto acquistato sia corretto e perfettamente funzionante è in quel fatidico giorno dell'installazione /collaudo?

Non pensi sia meglio essere tutelato?

a. Il trasportatore stesso potrebbe averla sbatacchiata
b. Potrebbe essere stata montata male
c. Potrebbero essere stati fatti male i calcoli per le specifiche del motore (una delle cose che accade più spesso)

E TU NON VUOI SAPERLO?

Molti quando lo faccio presente mi dicono:

Stai spendendo

per una cappa chimica e pecchi di superficialità proprio su questo aspetto?

Ah io no, assolutamente, l'installazione e il collaudo vengono fatti a dovere ecc...

Come se si stessero difendendo o dovessero difendere l'azienda che gli ha venduto le cappe:

il problema è il tuo e rimarrà tale anche quando è finito l'intervento.

Io lo dico per te!

Spendi un sacco di soldi, quindi pretendi che questi collaudi vengano eseguiti correttamente e seriamente e chiedi sin da subito in fase di offerta chi eseguirà tali collaudi nella fase d'installazione.

Leggi altri articoli su: **www.chizard.it**   Autore: *Fabrizio Cirillo*

Chiedi:
Quale documento verrà rilasciato e quali test verranno eseguiti?

Non darlo per scontato perché ad oggi accade che il 90% delle case costruttrici pensa che la parola collaudo voglia dire attaccare la spina alla corrente e accendere la cappa.

Spesso gli stessi trasportatori fanno questo ed ecco fatto il collaudo.
Invece per collaudo s'intende, fare tutte quelle verifiche che determinano il reale funzionamentodella cappa, in pratica come fossero i controlli che dovresti fare quanto meno annuali, quindi se qualcuno dice di averti fatto il collaudo e poi non ti fa molti test con diversi strumenti (smoke test con fumogeno, verifica velocità anemometriche, controllo rumorosità aspirazione ecc) allora sta solo attaccando la spina e in quel caso, devi avere paura.

Soprattutto, non sarai tutelato in caso di guasti, altro che 24 mesi di garanzia.
Pensa a questo...

E' un po' come se andassi al ristorante, ordinassi delle linguine all'astice, decidessi di non mangiarle al ristorante ma di portarle via e poi a distanza di una settimana ti accorgessi che in realtà non si trattava di astice ma di lumache, e di maccheroni anziché linguine.

Non saresti più nella condizione di portarli indietro o di dire che non ti stava bene, non credi?

Ecco, il collaudo che tu firmi è un pò una cosa del genere, getta su di te la responsabilità che la cappa stia funzionando correttamente anche senza aver eseguito tutti i test come riprova, assicura al venditore le sue belle provvigioni mentre tu non sei tutelato e da quel momento sei esposto a ogni rischio.

5) VERIFICARE CHE SIA TUTTO IN REGOLA
Verifica dell'esistenza di una garanzia sulla manutenzione e funzionalità della cappa

In ultimo ma non meno importante, al termine dell'acquisto di una cappa chimica è diffusissimo il "pensiero" da parte dei clienti che la garanzia a volte citata dai costruttori o venditori di 12 o 24 mesi, comprenda praticamente tutto.

Ecco vorrei sfatare questo mito, nel senso che la garanzia riguarda problematiche dovute a difficoltà eventuali di carattere elettronico, rottura motore, schede in maniera accidentale, tutte eventualità che non dipendono minimamente dal cliente.

Non c'è alcuna garanzia sui consumabili come i filtri ad esempio o l'eventuale verifica dell'aspirazione della cappa o sui controlli obbligatori che andrebbero fatti quantomeno annualmente, se non espressamente evidenziato in fase di contratto.

In genere chi ha la garanzia di 24 mesi pensa che per 2 anni dall'acquisto non debba fare alcun tipo di verifica e forse solo trascorsi i 24 mesi si preoccuperà di far fare tali verifiche obbligatorie.

Questo non è assolutamente vero, la cappa dal momento in cui viene installata, diventa un tuo problema così come la sicurezza dei collaboratori è un tuo problema e quindi anche solo semplicemente per la legge 81 (sicurezza sul lavoro) sei obbligato a sincerarti che la tua cappa stia funzionando correttamente e costantemente tutti i giorni.

Per semplificare, il messaggio che voglio riportarti è che almeno a 12 mesi dall'installazione devi far verificare la tua cappa da professionisti del settore, se non sai come trovarli ti invito a scaricare la guida "GRATUITA" che ho realizzato, semplicemente lasciando una mail sul portale www.chizard.it, sempre che sia ancora disponibile.

Dopodiché, grazie alla guida potrai procurarti una tua assistenza tecnica di cappe chimiche valida e possibilmente quanto più vicina a te, affinché possa supportarti seriamente e velocemente in caso di bisogno, non capisco quelli che pur di risparmiare si rivolgono ad un'assistenza che si trova a 800 km dalla propria sede.

Che poi parliamoci chiaro... secondo te, come fa a costare meno di un'assistenza specializzata dietro casa tua?

Se fai due più due capirai che forse da qualche parte ci sono delle toppe e che quello fregato resti sempre tu.

Con questo ti saluto e spero di esserti stato utile, forse mi sono dilungato un tantinello ma di cose da dire ce ne sono un'infinità e vorrei mettere tutti nella condizione di potersela cavare nelle varie situazioni, visto che gli avvoltoi del settore nella disinformazione ci sguazzano.

Soprattutto quando si deve procedere all'acquisto di una cappa chimica o all'acquisto di una cappa biologica per un laboratorio

Regala questa guida a qualche tuo collega e aiutami a condividerla, affinché possa aiutare molte persone a risolvere i tuoi stessi dubbi e problemi.

Grazie a presto

Fabrizio Cirillo

"Il Boss delle Cappe"

Il canale di Youtube di Chizard ed alcuni dei suoi video

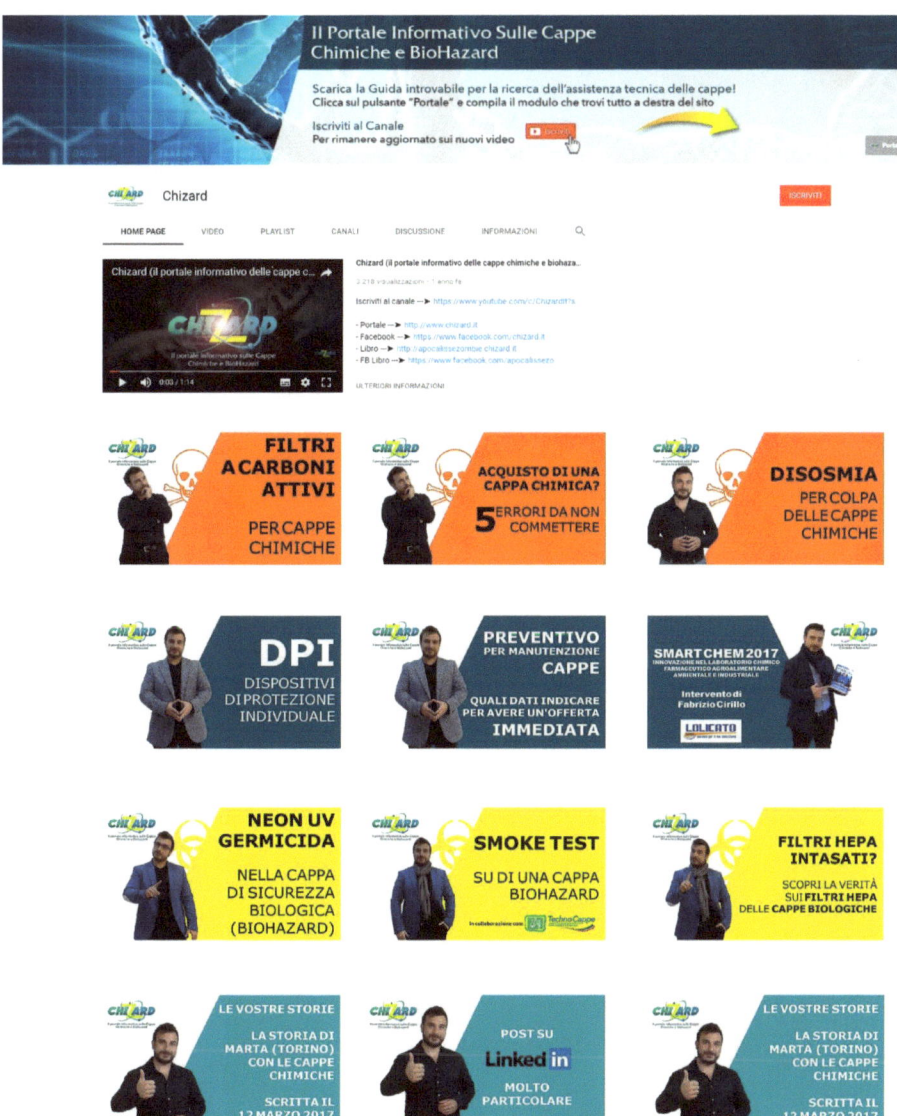

Leggi altri articoli su: *www.chizard.it*   Autore: *Fabrizio Cirillo*

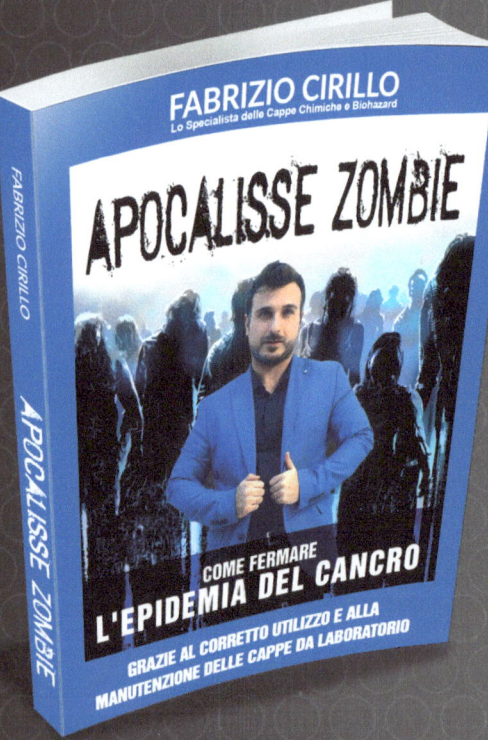

www.ingramcontent.com/pod-product-compliance
Lightning Source LLC
Chambersburg PA
CBHW041948240526
45473CB00036B/2757